Ruby Jindal

Colher o sabor: Explorando a Essência da Indústria Alimentar

Ruby Jindal

Colher o sabor: Explorando a Essência da Indústria Alimentar

ScienciaScripts

Imprint
Any brand names and product names mentioned in this book are subject to trademark, brand or patent protection and are trademarks or registered trademarks of their respective holders. The use of brand names, product names, common names, trade names, product descriptions etc. even without a particular marking in this work is in no way to be construed to mean that such names may be regarded as unrestricted in respect of trademark and brand protection legislation and could thus be used by anyone.

Cover image: www.ingimage.com

This book is a translation from the original published under ISBN 978-620-7-80744-4.

Publisher:
Sciencia Scripts
is a trademark of
Dodo Books Indian Ocean Ltd. and OmniScriptum S.R.L publishing group

120 High Road, East Finchley, London, N2 9ED, United Kingdom
Str. Armeneasca 28/1, office 1, Chisinau MD-2012, Republic of Moldova, Europe
Printed at: see last page
ISBN: 978-620-7-90242-2

Índice

Prefácio

Nos corredores movimentados da indústria alimentar, onde os sabores dançam e os aromas tecem histórias de tradição e inovação, encontra-se um mundo tão diverso como os pratos que cria. Este livro, "Harvesting Flavor", embarca numa viagem através deste reino vibrante, descobrindo os meandros do cultivo, produção e consumo que moldam a nossa paisagem culinária.

A comida não é apenas o sustento, mas uma pedra angular da cultura, ligando pessoas de todos os continentes e gerações. Desde a mais humilde quinta até à mais grandiosa cozinha, cada capítulo deste livro investiga as histórias por detrás daquilo que comemos - os agricultores que trabalham sob o sol, os artesãos que os confeccionam com um cuidado meticuloso e os chefes que transformam ingredientes crus em obras-primas culinárias.

Através destas páginas, convidamo-lo a saborear as narrativas da sustentabilidade e do abastecimento ético que sustentam a gastronomia moderna, bem como as maravilhas tecnológicas que redefinem a forma como produzimos os alimentos. "Harvesting Flavor" celebra a paixão e a criatividade que impulsionam a indústria alimentar, reconhecendo ao mesmo tempo os desafios que esta enfrenta num mundo em constante mudança.

Junte-se a nós para explorarmos os sabores que definem as culturas, as inovações que moldam os nossos pratos e a conversa global sobre segurança alimentar e sustentabilidade. Juntos, vamos apreciar a beleza e a complexidade da indústria alimentar - uma tapeçaria tecida com os fios da tradição, da inovação e da alegria partilhada de uma boa refeição.

Por
Dr. Ruby Jindal
(Universidade K.R. Mangalam, Gurugram, Haryana, Índia)

Capítulo 1: Da semente à mesa: O início da viagem

No amanhecer tranquilo de um campo coberto de neblina, começa a história da nossa alimentação. Aqui, por entre filas de rebentos tenros e a promessa de colheita, desenrola-se o ciclo do sustento. Este capítulo mergulha profundamente nas origens dos nossos alimentos, traçando o seu percurso desde a semente até à mesa e explorando a intrincada rede de processos e pessoas que trazem os alimentos para os nossos pratos.

A semente da promessa

A viagem dos alimentos começa humildemente, com a semente - um pequeno recipiente de vida repleto de potencial. Quer se trate das sementes de tomate da família cuidadosamente guardadas por gerações de agricultores ou das sementes geneticamente modificadas concebidas para resistir à seca, cada uma representa um ponto de partida na tapeçaria agrícola.

As sementes incorporam diversidade e resiliência, adaptando-se a climas e solos à medida que germinam e brotam. Nesta secção, exploramos a ciência por detrás da seleção e melhoramento de sementes, destacando o papel das práticas agrícolas modernas no aumento do rendimento e da qualidade nutricional. Entrevistas com cientistas de sementes e agrónomos esclarecem a procura contínua de sementes que possam resistir às alterações climáticas e às pragas, garantindo a segurança alimentar para as gerações vindouras.

Cultivar a Terra

Uma vez plantadas, as sementes dependem do abraço da terra para crescer e prosperar. A agricultura, nas suas inúmeras formas, transforma as paisagens em campos e pomares produtivos, desde as vastas extensões de culturas de monocultura até aos paraísos de biodiversidade das explorações agrícolas biológicas.

Esta secção percorre diferentes práticas agrícolas, contrastando a agricultura à escala industrial com métodos agrícolas sustentáveis e regenerativos. Através de descrições vívidas e entrevistas com agricultores, testemunhamos os ritmos diários de plantação, cultivo e colheita. Exploramos os desafios que os agricultores enfrentam - desde padrões climáticos imprevisíveis a exigências do mercado - e as suas soluções inovadoras, como a agricultura de precisão e a agro-silvicultura, que promovem o equilíbrio ecológico e a resiliência.

O Toque Humano: Os agricultores e as suas histórias

No coração da agricultura está o agricultor - administrador da terra e guardião de tradições transmitidas através de gerações. Nesta secção, mergulhamos na vida dos agricultores de todo o mundo, desde os pequenos agricultores de subsistência em comunidades rurais até aos pioneiros do agronegócio que gerem vastas propriedades.

Através de narrativas pessoais e retratos íntimos, descobrimos as alegrias e as dificuldades da vida agrícola. Os agricultores partilham os seus conhecimentos sobre a saúde do solo e a rotação de culturas, as suas experiências com práticas sustentáveis, como a gestão integrada de pragas e as culturas de cobertura, e as suas perspectivas sobre o futuro da agricultura no meio dos avanços tecnológicos e dos desafios ambientais.

Incentivar o crescimento: Inovações na agricultura

As inovações na agricultura estão a revolucionar a forma como cultivamos e colhemos os alimentos. Desde as ceifeiras robóticas e a monitorização assistida por drones até à agricultura hidropónica e vertical, esta secção explora as tecnologias de ponta que estão a moldar o futuro da agricultura.

Estudos de caso e entrevistas com especialistas destacam o impacto dessas inovações na produtividade, eficiência de recursos e sustentabilidade. Examinamos a forma como a inteligência artificial e os grandes volumes de dados estão a otimizar as decisões agrícolas, reduzindo a utilização de água e pesticidas e aumentando a resiliência das culturas. Através destes avanços, vislumbramos um futuro em que a agricultura se integra perfeitamente no equilíbrio ecológico e na segurança alimentar.

Colocando-o no mercado: Cadeias de abastecimento e distribuição

A viagem da exploração agrícola até à mesa é um labirinto complexo de logística e redes. Nesta secção final do Capítulo 1, seguimos o percurso dos alimentos desde os campos até aos mercados e mais além.

Exploramos os meandros das cadeias de abastecimento, desde o transporte e armazenamento até à embalagem e distribuição. Entrevistas com gestores de cadeias de abastecimento e especialistas em logística revelam os desafios de manter a frescura e a qualidade, minimizando o desperdício e o impacto ambiental. Aprofundamos o papel da tecnologia na rastreabilidade e transparência, dando aos consumidores a possibilidade de fazerem escolhas informadas sobre os seus alimentos.

Conclusão

Ao concluirmos este capítulo, reflectimos sobre a viagem da semente à mesa - uma viagem moldada pela inovação, pela tradição e pelo espírito indomável daqueles que cultivam os nossos alimentos. Desde os solos férteis onde as sementes criam raízes até aos mercados movimentados onde os produtos chegam às nossas cozinhas, a história dos alimentos é um testemunho do engenho e da resiliência humanos.

Nos próximos capítulos, continuaremos a explorar a paisagem multifacetada da indústria alimentar, desde as artes culinárias e as tendências gastronómicas até aos desafios da sustentabilidade e da segurança alimentar global. Junte-se a nós enquanto desvendamos as camadas de sabor e complexidade que definem o mundo da alimentação, convidando-o a saborear a sua essência e a apreciar a interligação do nosso sistema alimentar global.

Capítulo 2: Alquimia culinária: a arte e a ciência da preparação dos alimentos

Nas cozinhas movimentadas onde os chefes manejam as facas como pincéis de artistas e as panelas fervilham com aromas tentadores, a magia da criação culinária desenrola-se. O Capítulo 2 explora o intrincado mundo da preparação de alimentos, misturando arte com precisão científica para transformar ingredientes crus em obras-primas culinárias que deliciam os sentidos e alimentam a alma.

O processo criativo

A criatividade está no centro da arte culinária. Os chefes de cozinha, tal como os maestros que conduzem uma sinfonia, misturam sabores, texturas e cores para compor pratos que são tão visualmente deslumbrantes como deliciosos. Esta secção aprofunda o processo criativo por detrás do desenvolvimento de menus, desde o brainstorming de ideias e a procura de ingredientes sazonais até à experimentação de técnicas que elevam os pratos do vulgar ao extraordinário.

Através de entrevistas com chefes de renome e inovadores culinários, descobrimos as suas inspirações e filosofias que orientam as suas viagens culinárias. Exploramos a forma como as influências culturais, as experiências pessoais e as tendências globais moldam as suas criações culinárias, oferecendo um vislumbre da tapeçaria diversificada de sabores que definem a cozinha contemporânea.

A ciência do gosto e do sabor

Por detrás de cada prato de fazer crescer água na boca está a ciência do gosto e do sabor. Nesta secção, aprofundamos os mecanismos sensoriais que regem a forma como percebemos os alimentos - desde os sabores básicos de doce, azedo, salgado, amargo e umami até à complexa interação de aromas e texturas que definem as experiências culinárias.

Especialistas em gastronomia e ciência alimentar fornecem informações sobre técnicas de combinação e realce de sabores, revelando a química e a psicologia por detrás dos nossos desejos e preferências. Exploramos a forma como os avanços na tecnologia alimentar, como a gastronomia molecular e a cozedura sous-vide, expandiram o repertório culinário, oferecendo novas formas de manipular as texturas e intensificar os sabores.

Técnicas e tradições

A excelência culinária é construída sobre uma base de técnicas transmitidas através de gerações. Esta secção celebra a rica tapeçaria das tradições culinárias de todo o mundo, desde as técnicas clássicas francesas às intrincadas misturas de especiarias da cozinha indiana e à simplicidade artística da cozinha japonesa.

Através de perfis aprofundados de métodos de confeção e práticas culinárias tradicionais, honramos a perícia e o conhecimento dos artesãos que preservam o património cultural através da comida. Exploramos a forma como técnicas como a fermentação, a fumagem e o refogado conferem profundidade e complexidade aos pratos, enquanto as práticas sustentáveis asseguram a preservação das tradições culinárias para as gerações futuras.

Inovação na cozinha

A procura da perfeição culinária impulsiona a inovação na tecnologia e no equipamento de cozinha. Nesta secção, exploramos a forma como os chefes utilizam ferramentas e técnicas de ponta para ultrapassar os limites da criatividade gastronómica.

Desde dispositivos de controlo de temperatura de precisão a misturadoras de alta velocidade e circuladores de imersão, examinamos o papel da tecnologia na simplificação do fluxo de trabalho, no aumento da segurança alimentar e na maximização da eficiência em cozinhas movimentadas. Os estudos de caso destacam a forma como os chefes colaboram com engenheiros e cientistas para desenvolver soluções personalizadas que satisfazem as exigências das experiências gastronómicas modernas.

Sustentabilidade e ética

À medida que os consumidores dão cada vez mais prioridade à sustentabilidade e ao abastecimento ético, os chefes desempenham um papel fundamental na promoção de práticas culinárias responsáveis. Esta secção explora o movimento crescente de refeições da quinta para a mesa, dando ênfase aos ingredientes sazonais e de origem local que apoiam as economias regionais e reduzem as pegadas de carbono.

Através de entrevistas com defensores da sustentabilidade e pioneiros do "farm-to-table", descobrimos iniciativas destinadas a minimizar o desperdício alimentar, a conservar a biodiversidade e a promover práticas laborais justas em toda a cadeia de abastecimento. Examinamos os desafios e as oportunidades da adoção de práticas sustentáveis nas operações dos restaurantes, desde a compostagem de restos de cozinha até à implementação de métodos de confeção energeticamente eficientes.

Conclusão

O Capítulo 2 termina com uma reflexão sobre a arte e a ciência da preparação de alimentos - uma interação dinâmica de criatividade, tradição e inovação que define a excelência culinária. À medida que continuamos a explorar a paisagem diversificada da indústria alimentar, convidamo-lo a saborear os sabores e as técnicas que moldam as nossas experiências culinárias, celebrando a paixão e a dedicação dos chefes que transformam os ingredientes em refeições memoráveis. Junte-se a nós nos próximos capítulos, à medida que aprofundamos as complexidades da cultura alimentar, os desafios da sustentabilidade e a evolução do papel da gastronomia num mundo globalizado.

Capítulo 3: Sabores do Mundo: Explorando a diversidade culinária

No caleidoscópio da cozinha global, os sabores entrelaçam-se como fios de uma tapeçaria, tecendo histórias de tradição, inovação e identidade cultural. O Capítulo 3 embarca numa viagem através de continentes e culturas para descobrir a rica diversidade de tradições culinárias que definem a nossa paisagem gastronómica global. Desde as bancas de comida de rua com iguarias locais até aos restaurantes com estrelas Michelin que ultrapassam os limites da culinária, este capítulo celebra os sabores que nos ligam às nossas raízes e expandem os nossos horizontes culinários.

Explorar as cozinhas regionais

Cada canto do globo possui uma herança culinária única, moldada pela geografia, clima e intercâmbio cultural. Nesta secção, embarcamos numa viagem culinária por cozinhas regionais emblemáticas, desde os sabores robustos dos pratos mediterrânicos até às intrincadas misturas de especiarias dos caris do Sul da Ásia e aos ensopados saudáveis da cozinha latino-americana.

Através de uma narrativa imersiva e de perfis culinários, aprofundamos os ingredientes, as técnicas de confeção e as influências históricas que distinguem cada cozinha. Entrevistas com chefes de cozinha locais e historiadores gastronómicos fornecem informações sobre a forma como os sabores regionais evoluem ao longo do tempo, reflectindo mudanças nos padrões de migração, rotas comerciais e dinâmicas sociais.

Comida de rua: A alma da gastronomia urbana

A comida de rua incorpora a essência da cultura local e da comunidade, oferecendo um vislumbre tentador das tradições culinárias quotidianas. Esta secção explora os movimentados mercados de rua e carrinhos de comida em todo o mundo, onde os vendedores vendem espetos fumegantes, bolinhos de massa fumegantes e especiarias aromáticas aos transeuntes esfomeados.

Através de descrições vívidas e anedotas pessoais, descobrimos as jóias escondidas das cenas de comida de rua em cidades como Banguecoque, Cidade do México e Bombaim. Exploramos a natureza improvisada da cozinha de rua, onde a inovação prospera a par da tradição, e os empresários culinários transformam ingredientes humildes em delícias adoradas na rua.

Cozinha de fusão: Onde a tradição encontra a inovação

No panorama culinário globalizado, a cozinha de fusão surge como uma expressão dinâmica de intercâmbio cultural e criatividade. Esta secção examina a forma como os chefes misturam sabores e técnicas de diferentes tradições culinárias para criar pratos inovadores que desafiam a categorização.

Os estudos de caso destacam restaurantes de fusão bem sucedidos e projectos culinários colaborativos que celebram a diversidade ao mesmo tempo que honram as raízes culinárias. Exploramos as controvérsias e críticas em torno da apropriação cultural versus apreciação cultural na cozinha de fusão, realçando a importância do envolvimento respeitoso com as tradições culinárias.

A ascensão da alimentação à base de plantas

Com o aumento da consciencialização para a sustentabilidade e a saúde, as dietas à base de plantas ganharam popularidade em todo o mundo. Esta secção explora a evolução das cozinhas vegetariana e vegana, desde as antigas tradições enraizadas em práticas religiosas até às inovações contemporâneas à base de plantas que remodelam as experiências gastronómicas modernas.

Através de entrevistas com chefs e especialistas em nutrição, examinamos as técnicas culinárias e as substituições de ingredientes que elevam os pratos à base de plantas a novos patamares. Exploramos as considerações ambientais e éticas que impulsionam a mudança para menus à base de plantas em restaurantes e casas, e o impacto nos sistemas alimentares globais.

Turismo culinário: Um gosto de Wanderlust

O turismo culinário oferece aos viajantes uma forma imersiva de explorar o património cultural através da comida. Esta secção analisa o aumento das experiências de viagem centradas na comida, desde visitas culinárias a regiões vinícolas em França a safaris de comida de rua no Sudeste Asiático e aulas de culinária no interior de Itália.

Através de narrativas de viagem e itinerários culinários, destacamos destinos famosos pelas suas ofertas gastronómicas e tradições culinárias. Exploramos a forma como o turismo promove a compreensão intercultural e as oportunidades económicas para as comunidades locais, ao mesmo tempo que aborda desafios como o excesso de turismo e a mercantilização cultural.

Conclusão

O Capítulo 3 conclui com uma reflexão sobre os diversos sabores que nos unem como cidadãos globais, celebrando a riqueza das tradições culinárias e as infinitas possibilidades de intercâmbio cultural. Ao continuarmos a explorar a paisagem dinâmica da indústria alimentar, convidamo-lo a saborear os sabores e as histórias que definem o nosso património gastronómico global. Junte-se a nós nos próximos capítulos, à medida que aprofundamos as tendências culinárias, os desafios da sustentabilidade e o papel evolutivo dos alimentos na formação da identidade cultural e das ligações sociais em todo o mundo.

Capítulo 4: O negócio do gosto: Economia e Tendências na Indústria Alimentar

Por detrás de cada refeição que desfrutamos, existe uma complexa rede de forças económicas, tendências de mercado e comportamentos dos consumidores que moldam a indústria alimentar. O Capítulo 4 investiga a intrincada dinâmica deste sector movimentado, explorando a forma como as empresas, desde a exploração agrícola até à mesa, enfrentam desafios e oportunidades num mercado cada vez mais globalizado. Da economia agrícola à gestão de restaurantes e ao retalho alimentar, este capítulo revela os factores económicos que influenciam o que comemos e a forma como chega aos nossos pratos.

Economia agrícola: Alimentar o mundo

No coração da indústria alimentar está a agricultura, uma pedra angular das economias globais e dos meios de subsistência. Esta secção examina as forças económicas que impulsionam a produção agrícola, desde os mercados de produtos de base e a volatilidade dos preços até às políticas e subsídios governamentais.

Analisamos os desafios enfrentados pelos agricultores, incluindo a flutuação dos custos dos factores de produção, os impactos das alterações climáticas e as perturbações na cadeia de abastecimento global. Estudos de caso de diferentes regiões destacam abordagens inovadoras à economia agrícola, como modelos de agricultura cooperativa e programas de agricultura apoiada pela comunidade (CSA), que promovem práticas sustentáveis e distribuição equitativa de recursos.

Cadeias de abastecimento alimentar: Do prado ao prato

Cadeias de abastecimento eficientes são essenciais para fornecer alimentos frescos, seguros e acessíveis aos consumidores em todo o mundo. Esta secção explora as complexidades da logística e distribuição alimentar, desde as rotas marítimas globais e o armazenamento até às operações de retalho e previsão da procura por parte dos consumidores.

Através de entrevistas com especialistas da cadeia de abastecimento e gestores de logística, examinamos estratégias para otimizar a eficiência da cadeia de abastecimento, reduzir o desperdício alimentar e melhorar a rastreabilidade e a transparência. Exploramos o impacto das inovações tecnológicas, como o blockchain e a IoT (Internet das Coisas), na revolução da rastreabilidade dos alimentos e na garantia da segurança alimentar em toda a cadeia de abastecimento.

Sector da restauração: A arte da hospitalidade e da rentabilidade

Os restaurantes são centros culturais onde a criatividade culinária se encontra com a excelência da hospitalidade. Esta secção analisa a economia da indústria da restauração, desde os estabelecimentos de alta gastronomia às cadeias de fast-casual e food trucks.

Exploramos os desafios financeiros enfrentados pelos proprietários de restaurantes, incluindo os custos laborais, a inflação das rendas e as pressões competitivas das tendências gastronómicas. Os estudos de caso de restaurantes bem sucedidos fornecem informações sobre estratégias de negócio para a fixação de preços de menus, melhoria da experiência do cliente e práticas sustentáveis que se repercutem nos consumidores modernos.

Retalho alimentar: Evolução das escolhas dos consumidores

O retalho alimentar está a sofrer uma transformação impulsionada pela mudança das preferências dos consumidores e pelos avanços tecnológicos. Esta secção examina a dinâmica das cadeias de supermercados, das lojas especializadas em produtos alimentares e das plataformas online que moldam a forma como os consumidores compram alimentos.

Analisamos tendências como o aumento de produtos orgânicos e de origem local, o impacto do comércio eletrónico nos hábitos de compra de produtos alimentares e o papel da análise de dados no marketing personalizado e na gestão de inventário. Entrevistas com executivos de retalho e analistas de mercado revelam estratégias para se adaptarem às mudanças de comportamento dos consumidores e manterem a vantagem competitiva num mercado dinâmico.

Tendências globais: Dos alimentos funcionais à tecnologia alimentar

A indústria alimentar está na vanguarda da inovação, com as tendências emergentes a moldar o futuro do consumo e da produção alimentar. Esta secção explora as tendências globais, como os alimentos e bebidas funcionais que oferecem benefícios para a saúde para além da nutrição básica, e o crescimento de proteínas alternativas, desde carnes à base de plantas a substitutos de carne cultivados em laboratório.

Aprofundamos o campo em expansão da tecnologia alimentar, incluindo os avanços nas técnicas de processamento, embalagem e conservação de alimentos. Os estudos de caso destacam as startups e as iniciativas de investigação que impulsionam a inovação em soluções alimentares sustentáveis, desde a agricultura vertical e a aquaponia até às embalagens biodegradáveis e às tecnologias de redução do desperdício alimentar.

Conclusão

O Capítulo 4 conclui com uma reflexão sobre a interação dinâmica entre economia, inovação e tendências de consumo que definem a indústria alimentar contemporânea. À medida que continuamos a explorar esta paisagem multifacetada, convidamo-lo a considerar as forças económicas que moldam o que comemos e a forma como chega às nossas mesas. Junte-se a nós nos próximos capítulos, à medida que aprofundamos o empreendedorismo culinário, os desafios da sustentabilidade e a evolução do papel dos alimentos nas economias e sociedades de todo o mundo.

Capítulo 5: Alimentar a sustentabilidade: Desafios e inovações na segurança alimentar

Face às alterações climáticas, ao crescimento da população e às limitações de recursos, garantir a segurança alimentar global tornou-se um dos desafios mais prementes do nosso tempo. O Capítulo 5 explora as complexidades de alcançar sistemas alimentares sustentáveis que possam alimentar uma população em crescimento, salvaguardando simultaneamente os recursos naturais e a biodiversidade. Desde práticas agrícolas sustentáveis a redes de distribuição de alimentos e quadros políticos, este capítulo analisa as inovações e iniciativas que estão a impulsionar o progresso em direção a um futuro alimentar mais resiliente e equitativo.

O desafio da segurança alimentar

A segurança alimentar é mais do que apenas garantir um abastecimento adequado de alimentos; engloba o acesso, a acessibilidade e a adequação nutricional para todos. Esta secção examina os desafios globais da insegurança alimentar, desde as regiões afectadas por secas e conflitos até aos desertos alimentares urbanos onde o acesso a alimentos nutritivos é limitado.

Exploramos os factores interligados que influenciam a segurança alimentar, incluindo a pobreza, a desigualdade, a variabilidade climática e a instabilidade geopolítica. Os estudos de caso destacam intervenções bem-sucedidas e iniciativas orientadas para a comunidade que abordam o acesso aos alimentos e as disparidades nutricionais, promovendo a resiliência e a autossuficiência das populações vulneráveis.

Agricultura sustentável: Equilíbrio entre produção e preservação

As práticas agrícolas sustentáveis desempenham um papel fundamental na atenuação do impacto ambiental, assegurando simultaneamente a produção de alimentos a longo prazo. Esta secção explora as técnicas agrícolas regenerativas, a agroecologia e a permacultura como alternativas à agricultura convencional.

Através de entrevistas com defensores da agricultura sustentável e agricultores, examinamos estratégias para melhorar a saúde do solo, conservar os recursos hídricos e promover a biodiversidade nas explorações agrícolas. Os estudos de caso apresentam exemplos bem sucedidos de iniciativas de agricultura sustentável que dão prioridade à gestão ambiental, à resiliência da comunidade e à viabilidade económica.

Inovações na produção alimentar: Do prado ao prato

As inovações na produção alimentar estão a remodelar a forma como cultivamos, processamos e distribuímos os alimentos. Esta secção explora os avanços na tecnologia agrícola, incluindo a agricultura de precisão, a hidroponia e a agricultura vertical, que optimizam a utilização de recursos e reduzem a pegada ambiental.

Aprofundamos o potencial da biotecnologia e da engenharia genética no desenvolvimento de culturas resistentes à seca, melhorando o conteúdo nutricional e aumentando a resistência a pragas e doenças. Os estudos de caso destacam o papel das empresas em fase de arranque e das instituições de investigação em soluções pioneiras de produção alimentar sustentável, desde iniciativas de agricultura urbana a alternativas de carne e marisco cultivadas em laboratório.

Desperdício alimentar: Do problema à oportunidade

O desperdício alimentar é um problema significativo em toda a cadeia de abastecimento alimentar, contribuindo para perdas económicas e degradação ambiental. Esta secção examina a escala do desperdício alimentar a nível mundial e o seu impacto na eficiência dos recursos, nas emissões de gases com efeito de estufa e nos resíduos depositados em aterros.

Através de estratégias inovadoras, como programas de recuperação de alimentos, compostagem e reciclagem de resíduos alimentares em novos produtos, exploramos soluções que reduzem o desperdício e criam valor a partir dos excedentes alimentares. Entrevistas com especialistas em gestão de resíduos e organizações de recuperação de alimentos lançam luz sobre os esforços de colaboração para combater o desperdício alimentar a nível local, nacional e global.

Política e governação: Moldar sistemas alimentares sustentáveis

Políticas e governação eficazes são essenciais para promover sistemas alimentares sustentáveis e enfrentar os desafios da segurança alimentar. Esta secção analisa as políticas governamentais, os acordos internacionais e os quadros regulamentares que influenciam as práticas agrícolas, o comércio alimentar e as políticas de nutrição.

Examinamos iniciativas destinadas a promover a agricultura sustentável, a melhorar as normas de segurança alimentar e a aumentar a resistência aos choques climáticos. Os estudos de caso destacam intervenções políticas bem-sucedidas, como subsídios agrícolas para práticas sustentáveis, regulamentos de rotulagem de alimentos e parcerias público-privadas que apoiam pequenos agricultores e comunidades rurais.

Conclusão

O Capítulo 5 conclui com uma reflexão sobre a interligação entre segurança alimentar, sustentabilidade e objectivos de desenvolvimento global. À medida que navegamos pelas complexidades de alimentar uma população em crescimento num clima em mudança, reconhecemos a importância da ação colectiva, da inovação e das políticas inclusivas para moldar um futuro alimentar mais sustentável e equitativo. Junte-se a nós nos próximos capítulos, à medida que continuamos a explorar as paisagens em evolução da cultura alimentar, da tecnologia e do empreendedorismo, procurando soluções que nutram as pessoas e o planeta.

Capítulo 6: O prato do futuro: Inovações e Tendências que Moldam a Indústria Alimentar

À medida que nos encontramos no limiar de uma nova era na indústria alimentar, o Capítulo 6 explora a fronteira da inovação culinária, os avanços tecnológicos e a evolução dos comportamentos dos consumidores que estão a remodelar a forma como cultivamos, preparamos e consumimos os alimentos. Desde a inteligência artificial e a nutrição personalizada até às considerações éticas e ao papel dos alimentos na saúde e na cultura, este capítulo navega pelo prato do futuro tendo em vista a sustentabilidade, a inclusão e o potencial transformador da inovação alimentar.

Inteligência Artificial e Big Data no sector alimentar

A inteligência artificial (IA) e os grandes volumes de dados estão a revolucionar todos os aspectos da indústria alimentar, desde a agricultura de precisão e a segurança alimentar até à nutrição personalizada e aos conhecimentos dos consumidores. Esta secção explora a forma como os algoritmos de IA analisam dados de sensores do solo, padrões meteorológicos e saúde das culturas para otimizar as práticas agrícolas e aumentar a eficiência do rendimento.

Aprofundamos o papel da IA na gestão da cadeia de abastecimento, prevendo a procura dos consumidores e reduzindo o desperdício alimentar através da análise em tempo real e da modelação preditiva. Os estudos de caso destacam as aplicações de IA no processamento de alimentos, controlo de qualidade e recomendações dietéticas personalizadas, demonstrando o impacto transformador das tecnologias baseadas em dados no futuro dos alimentos.

Nutrição personalizada: Adaptar as dietas às necessidades individuais

A era da nutrição personalizada está a inaugurar uma mudança de paradigma das recomendações dietéticas de tamanho único para dietas personalizadas com base em predisposições genéticas, factores de estilo de vida e objectivos de saúde. Esta secção examina a intersecção entre a genética, a investigação do microbioma e as tecnologias digitais de saúde na otimização dos resultados nutricionais.

Através de entrevistas com nutricionistas, geneticistas e inovadores na área da saúde digital, exploramos a forma como as plataformas de nutrição personalizada analisam biomarcadores e dados genéticos para recomendar planos dietéticos e suplementos personalizados. Discutimos os potenciais benefícios da nutrição de precisão na gestão de doenças crónicas, na melhoria do desempenho atlético e na promoção da saúde e do bem-estar geral.

Revolução à base de plantas: Para além das alternativas à carne e aos lacticínios

A revolução à base de plantas está a remodelar a indústria alimentar, impulsionada pela crescente procura dos consumidores por escolhas alimentares sustentáveis e éticas. Esta secção explora o surgimento de carnes à base de plantas, alternativas aos lacticínios e substitutos do marisco que imitam o sabor e a textura dos produtos de origem animal sem a pegada ambiental.

Examinamos as inovações tecnológicas por detrás das proteínas de origem vegetal, como os isolados de proteína de ervilha e os substitutos de carne à base de micélio, e o seu impacto na redução das emissões de gases com efeito de estufa e na conservação dos recursos hídricos. Os estudos de caso destacam marcas bem-sucedidas de produtos à base de plantas e inovações culinárias que atendem a diversas preferências alimentares e contribuem para um sistema alimentar mais sustentável.

Startups de tecnologia alimentar e centros de inovação

As startups de tecnologia alimentar estão na vanguarda da inovação, perturbando os padrões tradicionais de produção e consumo de alimentos com novas tecnologias e modelos de negócio. Esta secção traça o perfil das startups emergentes e dos centros de inovação que estão a impulsionar a mudança em áreas como a carne cultivada, a agricultura vertical e a redução do desperdício alimentar.

Através de entrevistas com empreendedores e investidores, exploramos os desafios e oportunidades enfrentados pelas startups de tecnologia alimentar na expansão das suas inovações e na navegação em cenários regulamentares. Discutimos o papel das incubadoras, aceleradores e capital de risco na promoção do empreendedorismo e no apoio a soluções transformadoras para os desafios alimentares globais.

Considerações éticas: Justiça alimentar e impacto social

As considerações éticas estão a influenciar cada vez mais as escolhas dos consumidores e as práticas empresariais na indústria alimentar. Esta secção examina questões de justiça alimentar, comércio justo e direitos laborais nas cadeias de abastecimento globais, destacando iniciativas que promovem o acesso equitativo a alimentos nutritivos e apoiam meios de subsistência sustentáveis para agricultores e trabalhadores do sector alimentar.

Exploramos o movimento crescente no sentido da transparência e do abastecimento ético na produção alimentar, incluindo certificações para a agricultura biológica, práticas de comércio justo e tratamento humano dos animais. Estudos de caso de marcas de alimentos éticos e empresas sociais ilustram como as empresas podem alinhar o lucro com o objetivo, promovendo um impacto social positivo e a confiança dos consumidores.

Turismo culinário e intercâmbio cultural

O turismo culinário continua a prosperar à medida que os viajantes procuram experiências imersivas que celebrem as tradições alimentares locais e o património cultural. Esta secção explora a intersecção entre comida, viagens e intercâmbio cultural, destacando destinos conhecidos pelas suas delícias gastronómicas e tradições culinárias.

Através de narrativas de viagem e itinerários culinários, apresentamos experiências de turismo culinário, desde festivais gastronómicos e refeições da quinta para a mesa a aulas de culinária e mercados alimentares. Debatemos os benefícios económicos do turismo culinário para as comunidades locais e a preservação do património cultural através da gastronomia.

Conclusão

O Capítulo 6 conclui com uma reflexão prospetiva sobre o potencial transformador da inovação alimentar e as paisagens em evolução das preferências dos consumidores, os desafios da sustentabilidade e os avanços tecnológicos que moldam o prato do futuro. À medida que continuamos a navegar pelas complexidades do sistema alimentar global, reconhecemos a importância da colaboração, da inovação e de soluções inclusivas que promovam a saúde, a equidade e a sustentabilidade para as gerações vindouras. Junte-se a nós para imaginar um futuro em que os alimentos sirvam como catalisadores de mudanças positivas, nutrindo as pessoas e o planeta em harmonia com a nossa herança culinária e diversidade cultural partilhadas.

Capítulo 7: Cultura alimentar e identidade: Explorar as tradições culinárias

A alimentação é mais do que o sustento; é uma pedra angular da cultura que molda identidades, preserva o património e promove ligações sociais. O capítulo 7 investiga a rica tapeçaria da cultura alimentar em todo o mundo, celebrando as tradições, os rituais e as práticas culinárias que definem comunidades e gerações. Das antigas tradições culinárias aos movimentos alimentares contemporâneos, este capítulo explora a forma como a alimentação reflecte e influencia a identidade cultural, a dinâmica social e a memória colectiva.

O papel da alimentação na identidade cultural

A alimentação desempenha um papel central na definição da identidade cultural, reflectindo influências históricas, paisagens geográficas e costumes sociais. Esta secção examina a forma como as cozinhas tradicionais incorporam a essência do património cultural, desde as especiarias dos pratos de caril da Índia até aos sabores complexos do mole mexicano.

Através de entrevistas com antropólogos culturais e historiadores da culinária, exploramos os rituais e o simbolismo que envolvem a preparação e o consumo de alimentos em diferentes culturas. Discutimos o significado da comida em cerimónias religiosas, festivais e reuniões familiares, destacando o seu papel na transmissão de valores, tradições e orgulho cultural através das gerações.

Tradições culinárias: Preservar o património através da alimentação

As tradições culinárias são um legado vivo transmitido através de gerações, preservando o património cultural e promovendo um sentimento de pertença. Esta secção apresenta pratos emblemáticos e técnicas de cozinha de diversas culturas, desde a arte de fazer sushi no Japão até aos banquetes comunitários da cozinha africana.

Através de uma narrativa imersiva e de perfis culinários, aprofundamos os ingredientes, os métodos de preparação e os contextos históricos que moldam as cozinhas regionais. Exploramos a forma como as práticas culinárias tradicionais, como a fermentação, a cura e a conservação, não só realçam o sabor como também preservam os alimentos para épocas de escassez e ocasiões especiais.

Festivais e rituais alimentares

Os festivais e os rituais alimentares proporcionam ocasiões para as comunidades se reunirem, celebrarem tradições partilhadas e honrarem o património cultural. Esta secção explora o papel da comida nos festivais religiosos, nas celebrações sazonais das colheitas e nos marcos da vida, desde casamentos e nascimentos a funerais e festas fúnebres.

Através de relatos em primeira mão e anedotas culturais, mergulhamos nas imagens, sons e sabores dos festivais de todo o mundo. Exploramos o simbolismo dos pratos tradicionais servidos nestas ocasiões, os seus métodos de preparação e os rituais sociais que acompanham as experiências de refeições colectivas.

Globalização e encruzilhadas culinárias

A globalização provocou a polinização cruzada da culinária, trazendo diversos sabores e técnicas de cozinha para novos contextos culturais. Esta secção examina a forma como a migração, as rotas comerciais e o intercâmbio cultural influenciaram as cozinhas globais, criando pratos de fusão e tradições culinárias híbridas.

Discutimos as controvérsias e debates em torno da apropriação cultural versus apreciação cultural nas práticas culinárias, enfatizando a importância do envolvimento respeitoso com as tradições alimentares. Estudos de caso de comunidades da diáspora e cidades multiculturais destacam a evolução dinâmica das culturas alimentares e o surgimento de centros culinários que celebram a diversidade.

A comida como diplomacia cultural

A diplomacia alimentar promove a compreensão e a cooperação internacionais através do intercâmbio culinário e da diplomacia gastronómica. Esta secção explora a forma como os governos e as organizações utilizam a alimentação como uma ferramenta para a diplomacia cultural, apresentando iniciativas de diplomacia culinária e festivais gastronómicos internacionais que promovem o diálogo intercultural e o respeito mútuo.

Através de entrevistas com embaixadores da culinária e diplomatas culturais, examinamos o poder suave da cozinha na construção de pontes entre nações e na promoção de ligações entre pessoas. Discutimos os benefícios económicos do turismo gastronómico e o papel do património alimentar na promoção de práticas de turismo sustentável que beneficiam as comunidades locais.

Conclusão

O capítulo 7 conclui com uma reflexão sobre o poder duradouro da alimentação para nos ligar às nossas raízes, criar laços entre comunidades e celebrar a diversidade cultural. À medida que continuamos a explorar as intersecções entre a cultura alimentar, a identidade e as tendências globais, reconhecemos a importância de preservar o património culinário e de promover práticas alimentares inclusivas que honrem as tradições e, ao mesmo tempo, abracem a inovação. Junte-se a nós para celebrar a rica tapeçaria da cultura alimentar que enriquece as nossas vidas e fortalece a nossa humanidade partilhada, uma refeição de cada vez.

Capítulo 8: Alimentação e saúde: Nutrir o corpo e a mente

No Capítulo 8, aprofundamos a profunda relação entre alimentação e saúde, explorando a forma como as escolhas alimentares afectam o bem-estar físico, a saúde mental e a qualidade de vida em geral. Desde a ciência nutricional e as doenças relacionadas com a alimentação até à terapia culinária e às práticas alimentares conscientes, este capítulo navega na intersecção entre a alimentação e a saúde, centrando-se na promoção do bem-estar e da longevidade.

Ciência da Nutrição: Compreender os elementos constitutivos da saúde

A ciência da nutrição constitui a base da nossa compreensão sobre a forma como os alimentos alimentam o nosso corpo e influenciam os resultados em termos de saúde. Esta secção explora os nutrientes essenciais - hidratos de carbono, proteínas, gorduras, vitaminas e minerais - e o seu papel no apoio às funções corporais, desde o metabolismo energético até à regulação do sistema imunitário.

Através de entrevistas com nutricionistas, dietistas e investigadores médicos, examinamos as directrizes e recomendações dietéticas baseadas em provas para alcançar uma nutrição óptima. Discutimos a importância de dietas equilibradas, do controlo das porções e de práticas alimentares conscientes na manutenção da saúde e na prevenção de doenças crónicas relacionadas com a alimentação, como a obesidade, a diabetes e as doenças cardiovasculares.

A ligação entre o intestino e o cérebro: Explorando o papel da microbiota

A investigação emergente destaca a intrincada relação entre a saúde intestinal e o bem-estar mental, conhecida como o eixo intestino-cérebro. Esta secção explora o papel do microbiota intestinal na saúde digestiva, na função imunitária e nos resultados da saúde mental, influenciando o humor, a cognição e o comportamento.

Aprofundamos o impacto dos hábitos alimentares, probióticos e prebióticos na diversidade e resiliência do microbioma intestinal. Os estudos de caso destacam o potencial terapêutico dos alimentos amigos do intestino e das intervenções dietéticas na gestão de doenças como a síndrome do intestino irritável (SII), a ansiedade e a depressão, promovendo abordagens holísticas à saúde mental e digestiva.

Alimentos funcionais e nutracêuticos: Para além da nutrição básica

Os alimentos funcionais e nutracêuticos estão a ganhar popularidade pelos seus potenciais benefícios para a saúde, para além da nutrição básica. Esta secção examina os compostos bioactivos presentes nos alimentos, como os antioxidantes, os fitoquímicos e os ácidos gordos ómega 3, que contribuem para a prevenção de doenças e para o bem-estar geral.

Através de entrevistas com cientistas e investigadores do sector alimentar, exploramos a ciência por detrás dos ingredientes funcionais e o seu papel no apoio à função imunitária, à saúde cardiovascular e ao desempenho cognitivo. Discutimos as tendências de consumo de produtos alimentares funcionais e suplementos alimentares, realçando a importância da investigação baseada em provas e da supervisão regulamentar na promoção da segurança do consumidor e de escolhas informadas.

Terapia culinária: curar através da comida e da cozinha

A terapia culinária aproveita o poder terapêutico da comida e da cozinha para promover o bem-estar físico e mental. Esta secção explora a forma como as actividades culinárias, como o planeamento de refeições, as compras de mercearia e as aulas de culinária, podem servir como intervenções terapêuticas para indivíduos em recuperação de perturbações alimentares, dependências e traumas.

Através de narrativas pessoais e estudos de casos clínicos, examinamos os benefícios da terapia culinária no desenvolvimento da confiança, na melhoria da literacia nutricional e na promoção de ligações sociais. Discutimos a integração de programas de terapia culinária em contextos de cuidados de saúde, centros de reabilitação e iniciativas de alcance comunitário, destacando o seu potencial para capacitar os indivíduos e promover mudanças sustentáveis no estilo de vida.

Comer com atenção: Cultivar a consciência e a ligação

As práticas de alimentação consciente incentivam a consciencialização das escolhas alimentares, dos comportamentos alimentares e das experiências sensoriais. Esta secção explora os princípios da atenção plena em relação à alimentação, realçando a importância da consciência do momento presente, da aceitação sem julgamentos e dos hábitos alimentares intuitivos.

Através de exercícios de mindfulness e de conhecimentos especializados de praticantes de mindfulness e psicólogos, exploramos a forma como a alimentação consciente pode aumentar a satisfação nutricional, reduzir os comportamentos alimentares relacionados com o stress e promover relações mais saudáveis com a comida. Discutimos a aplicação de técnicas de mindfulness em aconselhamento nutricional, programas de gestão de peso e intervenções de gestão de stress, promovendo uma abordagem equilibrada à alimentação e ao bem-estar geral.

Alimentos como remédio: Integração de abordagens tradicionais e modernas

Há muito que os alimentos são reconhecidos como uma forma de medicina nas práticas tradicionais de cura em todo o mundo. Esta secção examina o ressurgimento do interesse pelas tradições culinárias, pelos remédios à base de plantas e pelas terapias dietéticas para promover a saúde e a cura.

Exploramos abordagens de medicina integrativa que combinam a ciência da nutrição baseada em evidências com a sabedoria tradicional de cura, como a Ayurveda, a Medicina Tradicional Chinesa (MTC) e os hábitos alimentares indígenas. Os estudos de caso destacam práticas de cuidados de saúde holísticos que incorporam aconselhamento dietético, suplementos de ervas e modificações do estilo de vida para apoiar a gestão de doenças crónicas e o bem-estar holístico.

Conclusão

O capítulo 8 conclui com uma reflexão sobre o profundo impacto das escolhas alimentares na saúde física, no bem-estar mental e na qualidade de vida em geral. À medida que continuamos a explorar as intersecções entre a alimentação e a saúde, reconhecemos a importância de escolhas alimentares informadas, abordagens nutricionais personalizadas e práticas holísticas de bem-estar na promoção da longevidade e da vitalidade. Junte-se a nós para abraçar a alimentação como uma pedra angular da saúde e do bem-estar, capacitando os indivíduos a nutrir os seus corpos e mentes para um futuro mais saudável.

Capítulo 9: Ética alimentar e sustentabilidade: Rumo a um futuro responsável

No Capítulo 9, aprofundamos a intersecção crítica entre a ética alimentar e a sustentabilidade, examinando as considerações éticas e os impactos ambientais da produção, consumo e distribuição de alimentos. Desde o abastecimento ético e o bem-estar animal até à gestão ambiental e à justiça alimentar global, este capítulo explora a forma como os indivíduos, as empresas e os decisores políticos podem fazer escolhas conscientes para criar um sistema alimentar mais sustentável e equitativo para as gerações futuras.

Considerações éticas na produção de alimentos

As considerações éticas na produção alimentar abrangem uma série de questões, incluindo o bem-estar dos animais, práticas laborais justas e o tratamento ético dos trabalhadores ao longo da cadeia de abastecimento. Esta secção examina os dilemas éticos enfrentados pelos agricultores, produtores de alimentos e fabricantes ao equilibrarem a viabilidade económica com as responsabilidades éticas.

Através de entrevistas com especialistas em abastecimento ético e partes interessadas do sector, exploramos iniciativas que promovem a transparência, a responsabilidade e os programas de certificação ética, como o comércio justo e os rótulos orgânicos certificados. Discutimos a importância da consciencialização e defesa do consumidor na condução de práticas éticas e na promoção de uma cultura de responsabilidade social empresarial na indústria alimentar.

Bem-estar animal e agricultura sustentável

O bem-estar animal é uma componente crítica da agricultura sustentável, influenciando as práticas agrícolas e as preferências dos consumidores no que respeita ao tratamento humano dos animais criados para a produção de alimentos. Esta secção explora os padrões éticos da agricultura, incluindo o gado criado em pastagens, a produção de ovos sem gaiolas e os requisitos de certificação biológica que dão prioridade ao bem-estar animal.

Examinamos as implicações éticas dos métodos de criação intensiva, como a criação industrial e as operações de alimentação de animais confinados (CAFO), e os seus impactos ambientais e sociais. Os estudos de caso destacam as práticas de gestão sustentável do gado, as técnicas de pastoreio regenerativo e as iniciativas que promovem as normas de bem-estar animal nas cadeias globais de abastecimento alimentar.

Justiça e equidade alimentar: Abordar as desigualdades globais

A justiça alimentar está enraizada em princípios de equidade, acesso e justiça social, defendendo uma distribuição justa de alimentos nutritivos e abordando as desigualdades sistémicas no acesso aos alimentos e na sua acessibilidade. Esta secção examina a insegurança alimentar e a pobreza como questões de justiça social, exacerbadas por disparidades económicas e barreiras estruturais ao acesso aos alimentos.

Através de entrevistas com defensores da justiça alimentar e organizadores comunitários, exploramos iniciativas de base e intervenções políticas destinadas a promover a soberania alimentar, a agricultura urbana e sistemas alimentares equitativos. Discutimos o papel das políticas governamentais, das organizações sem fins lucrativos e das soluções comunitárias no avanço das agendas de justiça alimentar e na capacitação das comunidades marginalizadas.

Sistemas alimentares sustentáveis: Equilíbrio entre pessoas, planeta e lucro

Os sistemas alimentares sustentáveis visam equilibrar a gestão ambiental, a viabilidade económica e a responsabilidade social em toda a cadeia de abastecimento alimentar. Esta secção explora práticas agrícolas sustentáveis, como a agroecologia, a agricultura regenerativa e a agricultura biológica, que dão prioridade à saúde dos solos, à conservação da biodiversidade e à eficiência dos recursos.

Examinamos o conceito de dietas sustentáveis, que promovem a saúde e a sustentabilidade ambiental, enfatizando os alimentos à base de plantas, o abastecimento local e a redução do desperdício alimentar. Os estudos de caso destacam iniciativas alimentares sustentáveis bem-sucedidas, desde restaurantes da quinta para a mesa e programas de agricultura apoiada pela comunidade (CSA) até centros alimentares e redes alimentares cooperativas que fortalecem as economias locais e a resiliência alimentar.

Alterações climáticas e segurança alimentar

As alterações climáticas colocam desafios sem precedentes à segurança alimentar mundial, perturbando a produtividade agrícola, a disponibilidade de água e as redes de distribuição de alimentos. Esta secção explora os impactos da variabilidade climática e dos fenómenos meteorológicos extremos nos sistemas alimentares, agravando a insegurança alimentar e os meios de subsistência rurais.

Através de entrevistas com cientistas do clima e especialistas em resiliência, discutimos estratégias de adaptação, como a agricultura inteligente em termos climáticos, variedades de culturas resilientes e práticas de gestão da água, que criam resiliência aos impactos climáticos. Examinamos acordos e iniciativas internacionais, como o Acordo de Paris e os Objectivos de Desenvolvimento Sustentável (ODS), que dão prioridade à ação climática e ao desenvolvimento sustentável nas agendas da política alimentar.

Responsabilidade empresarial e transparência da cadeia de abastecimento

A responsabilidade das empresas é crucial para promover práticas sustentáveis e a transparência da cadeia de abastecimento na indústria alimentar. Esta secção examina as iniciativas de sustentabilidade empresarial, os compromissos de abastecimento ético e os esforços de rastreabilidade da cadeia de abastecimento destinados a reduzir a pegada ambiental e a promover a responsabilidade social.

Exploramos parcerias empresariais com ONG, organismos de certificação e instituições de investigação para implementar normas de sustentabilidade, monitorizar práticas da cadeia de abastecimento e envolver os consumidores em decisões de compra éticas. Estudos de caso de líderes da indústria e campeões da sustentabilidade destacam as melhores práticas de governação empresarial, envolvimento das partes interessadas e relatórios transparentes que contribuem para um sistema alimentar mais sustentável e responsável.

Conclusão

O capítulo 9 conclui com um apelo à ação para a responsabilidade colectiva e a gestão ética na construção de um futuro sustentável para a alimentação. À medida que navegamos nas complexidades da ética alimentar, nos desafios da sustentabilidade e na segurança alimentar global, reconhecemos a interligação entre a saúde ambiental, a equidade social e a resiliência económica na construção de sistemas alimentares resilientes. Junte-se a nós na defesa de escolhas alimentares éticas, no apoio a práticas sustentáveis e no avanço de políticas que promovam a justiça alimentar e a gestão ambiental para um mundo mais equitativo e sustentável.

Capítulo 10: Inovação na tecnologia alimentar: Transformar a agricultura e a experiência do consumidor

Neste capítulo, exploramos os rápidos avanços na tecnologia alimentar que estão a revolucionar tanto as práticas agrícolas como a forma como os consumidores interagem com os alimentos. Desde a agricultura de precisão e a agricultura inteligente até à nutrição personalizada e às inovações na distribuição de alimentos, a tecnologia está a remodelar todo o ecossistema alimentar.

Agricultura de precisão e agricultura inteligente

A agricultura de precisão utiliza tecnologias como o GPS, sensores e drones para otimizar a gestão das culturas, reduzir os factores de produção e aumentar os rendimentos. Esta secção examina a forma como as informações baseadas em dados melhoram a tomada de decisões nas práticas agrícolas, desde a monitorização da saúde do solo até à irrigação de precisão e à proteção das culturas.

Através de estudos de caso e entrevistas a especialistas, exploramos os benefícios da agricultura de precisão no aumento da eficiência dos recursos, na minimização do impacto ambiental e na promoção de práticas agrícolas sustentáveis. Discutimos o papel das startups agtech, das instituições de investigação e das iniciativas governamentais no avanço das tecnologias agrícolas inteligentes a nível global.

Nutrição Personalizada e Startups de Tecnologia Alimentar

A nutrição personalizada utiliza a análise de dados, os testes genéticos e as plataformas digitais de saúde para adaptar as recomendações dietéticas às necessidades e preferências individuais de saúde. Esta secção explora a forma como as startups de tecnologia alimentar estão a desenvolver aplicações de nutrição personalizada, planos de dieta baseados no ADN e aparelhos de cozinha inteligentes que satisfazem a procura dos consumidores por experiências alimentares personalizadas.

Aprofundamos a intersecção entre a tecnologia e a ciência da nutrição, examinando o potencial dos algoritmos de IA e da aprendizagem automática na otimização do aconselhamento dietético personalizado e da orientação nutricional. Os estudos de caso destacam startups de tecnologia alimentar bem-sucedidas e inovações que capacitam os consumidores a tomar decisões informadas sobre sua saúde por meio de soluções nutricionais personalizadas.

Futuro dos serviços de entrega de alimentos e refeições

O futuro da entrega de alimentos está a evoluir com inovações na logística, robótica e serviços de refeições a pedido que satisfazem as preferências dos consumidores orientados para a conveniência. Esta secção explora o aumento das subscrições de kits de refeições, cozinhas fantasma e serviços de entrega por drones que simplificam a distribuição de alimentos e melhoram a acessibilidade dos consumidores.

Através de entrevistas com líderes do sector e especialistas em logística, examinamos os desafios e as oportunidades na expansão das operações de entrega de alimentos, minimizando a pegada ambiental e garantindo a segurança alimentar. Discutimos o impacto das plataformas digitais, das aplicações móveis e dos algoritmos orientados por IA na otimização das rotas de entrega, na redução do desperdício alimentar e na melhoria da eficiência logística da última milha.

Conclusão: Adotar a inovação tecnológica nos alimentos

O capítulo 10 conclui com uma reflexão sobre o impacto transformador da tecnologia na agricultura, na nutrição e nas experiências do consumidor na indústria alimentar. À medida que abraçamos as possibilidades de inovação, de conhecimentos baseados em dados e de práticas sustentáveis, imaginamos um futuro em que a tecnologia aumenta a segurança alimentar, promove a saúde e o bem-estar e fomenta a resiliência nos sistemas alimentares globais. Junte-se a nós para explorar a fronteira da tecnologia alimentar e moldar um futuro alimentar mais sustentável e inclusivo.

Capítulo 11: Resiliência cultural e soberania alimentar: Preservar o património no meio da globalização

O capítulo 11 explora a resiliência das tradições alimentares culturais e a importância da soberania alimentar na preservação do património cultural no meio das pressões da globalização e da homogeneização. Desde os costumes alimentares indígenas e o património culinário até à resiliência comunitária e aos movimentos de base, este capítulo celebra a diversidade e a riqueza das culturas alimentares em todo o mundo.

Soberania alimentar indígena e conhecimentos tradicionais

A soberania alimentar indígena enfatiza o direito das comunidades indígenas de controlar e gerir os seus sistemas alimentares com base no conhecimento tradicional, na biodiversidade e em práticas sustentáveis. Esta secção examina o significado cultural dos alimentos indígenas, como o arroz selvagem, a quinoa e as plantas medicinais, na promoção da saúde e da resiliência cultural.

Através de entrevistas com líderes indígenas, activistas e defensores da soberania alimentar, exploramos iniciativas que capacitam as comunidades a recuperar tradições alimentares ancestrais, proteger os direitos à terra e promover a justiça alimentar. Os estudos de caso destacam projectos bem sucedidos liderados por indígenas que reforçam a soberania alimentar e promovem a autodeterminação da comunidade na preservação do património cultural.

Património Culinário e Património Cultural Imaterial

O património culinário engloba as tradições, os rituais e as práticas culinárias que definem a identidade cultural e preservam as narrativas históricas. Esta secção apresenta o perfil da designação da UNESCO de património cultural imaterial, reconhecendo tradições culinárias como o washoku japonês, as dietas mediterrânicas e a cozinha mexicana como expressões de identidade cultural e coesão social.

Através de narrativas culturais e viagens culinárias, exploramos o papel dos festivais gastronómicos, das visitas ao património e dos percursos gastronómicos na promoção do intercâmbio cultural e na preservação do património culinário para as gerações futuras. Discutimos os desafios da salvaguarda do património cultural intangível no meio da globalização e as oportunidades de diálogo intercultural através da diplomacia alimentar.

Resiliência comunitária e sistemas alimentares

A resiliência da comunidade é reforçada através de sistemas alimentares locais que dão prioridade à sustentabilidade, à equidade social e à capacitação económica. Esta secção examina programas de agricultura apoiada pela comunidade (CSA), mercados de agricultores e cooperativas alimentares que promovem a produção local de alimentos, reduzem as milhas alimentares e fomentam o envolvimento da comunidade.

Através de entrevistas com organizadores comunitários e defensores da alimentação sustentável, exploramos os benefícios dos sistemas alimentares resilientes no aumento da segurança alimentar, no apoio aos pequenos agricultores e na preservação da diversidade cultural. Discutimos os movimentos de base e as iniciativas políticas que capacitam as comunidades a construir a soberania alimentar e a resiliência face aos desafios ambientais e económicos.

Globalização e adaptação cultural

A globalização facilitou o intercâmbio cultural e a fusão culinária, influenciando as culturas alimentares e as preferências dos consumidores em todo o mundo. Esta secção examina a dinâmica da adaptação cultural e da hibridação culinária, desde as cozinhas de fusão às comunidades da diáspora que celebram a diversidade cultural através da comida.

Exploramos as considerações éticas da apropriação cultural versus apreciação cultural nas práticas culinárias, enfatizando a importância do envolvimento respeitoso com diversas tradições alimentares. Os estudos de caso destacam colaborações culinárias inovadoras, centros alimentares multiculturais e iniciativas que promovem o intercâmbio cultural e a compreensão mútua através da gastronomia.

Conclusão: Manter a diversidade cultural através da alimentação

O capítulo 11 conclui com uma reflexão sobre a resiliência das tradições alimentares culturais e a importância da soberania alimentar na preservação da diversidade cultural no meio da globalização. Ao celebrarmos a riqueza das culturas alimentares e honrarmos os conhecimentos ancestrais, reconhecemos o papel da alimentação como uma ponte entre o passado e o presente, promovendo a resiliência, a solidariedade e o diálogo inclusivo entre comunidades e continentes. Junte-se a nós na defesa da resiliência cultural e da soberania alimentar como pilares do desenvolvimento sustentável e da cidadania global num mundo diversificado e interligado.

Capítulo 12: Segurança alimentar e desafios globais: Estratégias para um futuro resiliente

O Capítulo 12 aborda a questão crítica da segurança alimentar face a desafios globais como as alterações climáticas, o crescimento demográfico e a instabilidade geopolítica. Examina as estratégias e iniciativas destinadas a garantir um acesso equitativo a alimentos nutritivos, a aumentar a produtividade agrícola e a criar resiliência nas comunidades vulneráveis.

Impactos das alterações climáticas na agricultura e na segurança alimentar

As alterações climáticas colocam desafios significativos à segurança alimentar mundial, afectando o rendimento das culturas, a disponibilidade de água e os meios de subsistência agrícolas. Esta secção explora o impacto da variabilidade climática e dos fenómenos meteorológicos extremos nos sistemas alimentares, particularmente em regiões vulneráveis como a África Subsariana e o Sul da Ásia.

Através de entrevistas com cientistas do clima e especialistas em agricultura, discutimos estratégias de adaptação, como variedades de culturas resistentes à seca, práticas agrícolas inteligentes em termos climáticos e técnicas de gestão sustentável da água. Os estudos de caso destacam projectos de adaptação baseados na comunidade e colaborações internacionais que reforçam a resiliência e melhoram a segurança alimentar em áreas sensíveis ao clima.

Agricultura sustentável e pequenos agricultores

As práticas agrícolas sustentáveis desempenham um papel crucial no aumento da segurança alimentar, na preservação dos recursos naturais e no apoio aos pequenos agricultores. Esta secção examina a agroecologia, a agricultura regenerativa e a gestão integrada das pragas como abordagens que promovem a saúde dos solos, a biodiversidade e sistemas alimentares resistentes.

Exploramos a importância de capacitar os pequenos agricultores através do acesso a recursos, tecnologia e oportunidades de mercado. Através de parcerias com ONG, agências governamentais e iniciativas do sector privado, discutimos iniciativas que melhoram a produtividade agrícola, reduzem as perdas pós-colheita e aumentam os rendimentos dos agricultores nos países em desenvolvimento.

Urbanização e acesso aos alimentos

A urbanização apresenta desafios e oportunidades para a segurança alimentar, afectando o acesso a alimentos nutritivos, a acessibilidade dos alimentos e a diversidade alimentar nas áreas urbanas. Esta secção explora o impacto das tendências de urbanização nos sistemas alimentares, incluindo o rápido crescimento urbano, os desertos alimentares e os mercados alimentares informais.

Através de estudos de caso e análise de políticas, examinamos estratégias para melhorar o acesso aos alimentos em ambientes urbanos, como a agricultura urbana, a inovação no retalho alimentar e a logística dos transportes públicos. Discutimos o papel do planeamento urbano, do envolvimento da comunidade e da governação local na promoção do acesso equitativo a escolhas alimentares saudáveis e na redução da insegurança alimentar entre as populações urbanas.

Comércio alimentar mundial e resiliência

O comércio alimentar global desempenha um papel fundamental na resolução da escassez de alimentos, da volatilidade dos preços e das perturbações na cadeia de abastecimento numa economia globalizada. Esta secção examina a dinâmica do comércio alimentar global, incluindo as políticas comerciais, a integração do mercado e os programas internacionais de ajuda alimentar.

Exploramos os benefícios e os desafios do comércio alimentar global, desde o aumento da segurança alimentar e do desenvolvimento económico até às vulnerabilidades nas cadeias de abastecimento e à dependência de alimentos importados. Os estudos de caso destacam acordos comerciais regionais bem-sucedidos, movimentos de soberania alimentar e iniciativas que promovem práticas de comércio justo e diversificação agrícola para aumentar a resiliência dos sistemas alimentares globais.

Tecnologia e inovação na distribuição alimentar

A tecnologia e a inovação estão a transformar os sistemas de distribuição alimentar, melhorando a eficiência, reduzindo o desperdício alimentar e melhorando o acesso a alimentos frescos e nutritivos. Esta secção explora os avanços na logística da cadeia de frio, na tecnologia blockchain e nas plataformas de comércio eletrónico que optimizam as redes de distribuição alimentar.

Através de entrevistas com especialistas em cadeias de abastecimento e profissionais de logística alimentar, discutimos o papel das soluções digitais no acompanhamento dos alimentos desde a exploração agrícola até à mesa, garantindo a segurança alimentar e reduzindo a pegada ambiental. Examinamos modelos inovadores de distribuição alimentar, tais como serviços de entrega de mercearias em linha e iniciativas de mercados móveis, que satisfazem as diversas preferências dos consumidores e promovem a segurança alimentar nas comunidades urbanas e rurais.

Conclusão: Rumo a sistemas alimentares sustentáveis

O Capítulo 12 conclui com um apelo à ação para a cooperação global, a inovação política e a resiliência da comunidade para alcançar a segurança alimentar e os objectivos de desenvolvimento sustentável. À medida que navegamos nas complexidades dos desafios globais e das oportunidades emergentes, imaginamos um futuro em que sistemas alimentares inclusivos, agricultura resiliente e acesso equitativo a alimentos nutritivos garantam um futuro próspero e resiliente para todos. Junte-se a nós na defesa de soluções alimentares sustentáveis, na capacitação das comunidades e na criação de parcerias que promovam a segurança alimentar, a resiliência e a prosperidade num mundo em rápida mudança.

Capítulo 13: Alimentação e cultura: Celebrar a diversidade e a tradição

O Capítulo 13 celebra as diversas tradições culinárias, práticas culturais e rituais sociais que definem a alimentação como um símbolo de identidade, património e comunidade. Desde a narração de histórias culinárias e a preservação do património até à gastronomia multicultural e à diplomacia culinária, este capítulo explora o poder transformador da comida na promoção da compreensão cultural e da coesão social.

Narração de histórias culinárias e identidade cultural

A narração de histórias culinárias transcende fronteiras e gerações, preservando o património cultural através de receitas, sabores e narrativas culinárias. Esta secção explora o papel da comida na transmissão da identidade cultural, da memória e das tradições de uma geração para a seguinte.

Através de narrativas pessoais e receitas de família, aprofundamos o significado dos alimentos ancestrais, das celebrações sazonais e dos rituais culinários que reforçam os laços culturais e promovem um sentimento de pertença. Discutimos a importância das histórias orais, dos livros de cozinha e dos arquivos digitais na documentação do património culinário e na promoção da preservação cultural.

Gastronomia multicultural e cozinha de fusão

A gastronomia multicultural celebra a fusão de sabores, ingredientes e técnicas culinárias de diversas tradições culturais. Esta secção examina a fusão culinária como uma expressão criativa de intercâmbio cultural, adaptação e inovação em paisagens alimentares globais.

Através de viagens culinárias e perfis de chefes, exploramos cozinhas de fusão que misturam tradições culinárias de diferentes regiões e culturas, como a fusão asiático-latina, a cozinha afro-caribenha e pratos de inspiração mediterrânica. Discutimos o papel dos chefes de cozinha, dos restauradores e dos empresários do sector alimentar na promoção do diálogo intercultural e na celebração da diversidade culinária através de menus e experiências gastronómicas inovadoras.

Diplomacia culinária e relações internacionais

A diplomacia culinária utiliza a comida como uma ferramenta para o intercâmbio cultural, o diálogo diplomático e a cooperação internacional. Esta secção explora a forma como os governos, as embaixadas e as instituições culturais utilizam a gastronomia para reforçar os laços diplomáticos, promover a compreensão cultural e aumentar o envolvimento global.

Através de estudos de caso e de iniciativas diplomáticas, examinamos festivais gastronómicos, intercâmbios culinários e colaborações internacionais de chefes de cozinha que ultrapassam as divisões culturais e promovem o respeito mútuo. Discutimos o poder suave da cozinha na formação de percepções, na promoção da boa vontade e na construção de pontes entre nações através de experiências culinárias partilhadas.

A alimentação como catalisador da mudança social

A alimentação tem o poder de catalisar a mudança social, abordando as desigualdades sociais, promovendo a inclusão e capacitando as comunidades marginalizadas. Esta secção examina movimentos de justiça alimentar, projectos alimentares comunitários e iniciativas que defendem o acesso equitativo a alimentos nutritivos e apoiam meios de subsistência sustentáveis.

Através de entrevistas com activistas da alimentação, empreendedores sociais e organizadores comunitários, exploramos os esforços das bases para combater a insegurança alimentar, promover a agricultura urbana e defender reformas políticas que dêem prioridade à soberania alimentar e à justiça social. Discutimos a interseccionalidade da alimentação com questões de raça, classe e género, enfatizando o papel da alimentação como um catalisador para a transformação social positiva e a ação colectiva.

Direcções futuras na inovação culinária e no intercâmbio cultural

Olhando para o futuro, o Capítulo 13 conclui com uma perspetiva visionária sobre o futuro da alimentação como catalisador do intercâmbio cultural, da coesão social e do desenvolvimento sustentável. Ao celebrarmos a diversidade das culturas alimentares e ao honrarmos as tradições culinárias em todo o mundo, reconhecemos o potencial da alimentação como uma linguagem universal que transcende fronteiras, fomenta a empatia e promove um sentido partilhado de humanidade.

Junte-se a nós para abraçar a comida como um símbolo do património cultural, da inovação e da mudança social, capacitando as comunidades para preservar as tradições culinárias, promover a diversidade cultural e construir um mundo mais inclusivo e interligado através do poder transformador da comida

Capítulo 14: O Futuro da Alimentação: Tendências e Possibilidades Emergentes

O Capítulo 14 explora a excitante fronteira do futuro da alimentação, onde a inovação, a tecnologia e a evolução das preferências dos consumidores convergem para moldar a forma como produzimos, distribuímos e experimentamos os alimentos. Desde as tendências alimentares futuristas até às considerações éticas e aos desafios globais, este capítulo prevê um cenário dinâmico em que a alimentação serve de catalisador para a mudança positiva e o desenvolvimento sustentável.

Inovações tecnológicas que estão a remodelar a produção alimentar

Os avanços tecnológicos estão a revolucionar a produção alimentar, desde as carnes cultivadas em laboratório e a agricultura vertical até às cozinhas automatizadas e à gestão da cadeia de abastecimento baseada na IA. Esta secção explora a forma como as tecnologias emergentes estão a aumentar a eficiência, a reduzir o impacto ambiental e a expandir as possibilidades de inovação alimentar.

Aprofundamos o potencial da impressão 3D de alimentos para personalizar a nutrição e criar soluções alimentares sustentáveis. Os estudos de caso destacam startups e iniciativas de investigação na vanguarda da inovação tecnológica alimentar, demonstrando o impacto transformador da tecnologia na agricultura, no processamento de alimentos e no envolvimento do consumidor.

Agricultura urbana e sistemas alimentares locais

A agricultura urbana está a ganhar força à medida que as cidades adoptam a produção sustentável de alimentos nas paisagens urbanas. Esta secção examina as hortas nos telhados, as hortas comunitárias e os sistemas hidropónicos que contribuem para a segurança alimentar local, reduzem os quilómetros percorridos pelos alimentos e promovem a sustentabilidade ambiental.

Através de entrevistas com agricultores urbanos e urbanistas, exploramos iniciativas que integram a agricultura no planeamento urbano e promovem a soberania alimentar nas comunidades urbanas. Discutimos os benefícios económicos dos sistemas alimentares locais, incluindo a criação de emprego, a melhoria do acesso aos alimentos e a resiliência da comunidade face às perturbações da cadeia de abastecimento alimentar global.

Economia circular e redução dos resíduos alimentares

A abordagem da economia circular tem como objetivo minimizar os resíduos e maximizar a eficiência dos recursos ao longo da cadeia de abastecimento alimentar. Esta secção explora inovações na redução do desperdício alimentar, como a redistribuição de excedentes alimentares, a reciclagem de subprodutos alimentares e soluções de embalagem biodegradáveis.

Examinamos o papel das empresas, dos governos e dos consumidores na adoção dos princípios da economia circular para atingir os objectivos de zero resíduos e mitigar os impactos ambientais. Os estudos de caso destacam iniciativas bem-sucedidas de economia circular que transformam os resíduos alimentares em recursos valiosos, promovendo sistemas de ciclo fechado e práticas de consumo sustentáveis.

Ética e transparência na rotulagem dos alimentos

A procura de transparência e de fontes éticas por parte dos consumidores está a remodelar as práticas de rotulagem dos alimentos e as normas da indústria. Esta secção explora as certificações de rotulagem, como os rótulos orgânicos, de comércio justo e não-OGM, que permitem aos consumidores fazer escolhas informadas sobre as suas compras de alimentos.

Através de debates com especialistas em política alimentar e defensores dos consumidores, examinamos os desafios e oportunidades na promoção do abastecimento ético, do bem-estar animal e da gestão ambiental através de uma rotulagem transparente. Discutimos o papel dos organismos de certificação, dos quadros regulamentares e das colaborações da indústria para garantir a credibilidade e a confiança nas práticas de rotulagem dos alimentos.

Segurança alimentar num clima em mudança

As alterações climáticas continuam a colocar desafios à segurança alimentar mundial, exigindo estratégias de adaptação e medidas de reforço da resiliência. Esta secção explora práticas agrícolas inteligentes em termos climáticos, variedades de culturas resistentes e técnicas de gestão sustentável da água que reforçam os sistemas alimentares contra os riscos relacionados com o clima.

Discutimos as colaborações internacionais e as iniciativas políticas destinadas a integrar as estratégias de adaptação e atenuação das alterações climáticas nas políticas agrícolas e nas agendas de desenvolvimento. Os estudos de caso destacam projectos de adaptação baseados na comunidade e inovações na agricultura resistente ao clima que melhoram a segurança alimentar e os meios de subsistência em regiões vulneráveis.

Tendências de consumo e evolução das preferências alimentares

As preferências dos consumidores estão a evoluir no sentido de escolhas alimentares preocupadas com a saúde, sustentáveis e éticas. Esta secção examina as tendências em dietas à base de plantas, alimentos funcionais e produtos de rótulo limpo que satisfazem a procura dos consumidores por opções nutritivas e amigas do ambiente.

Através da análise do mercado e das percepções dos consumidores, exploramos o impacto das redes sociais, das plataformas digitais e dos influenciadores alimentares na formação das tendências alimentares e na influência das decisões de compra. Discutimos a ascensão do consumismo consciente e o potencial das empresas para inovar e diferenciar-se através de uma marca ética, de um abastecimento transparente e de práticas sustentáveis.

Conclusão: Perspetiva de um futuro alimentar sustentável

O Capítulo 14 conclui com uma perspetiva visionária sobre o futuro da alimentação, destacando o potencial transformador da inovação, colaboração e liderança ética na formação de um sistema alimentar sustentável e resiliente. À medida que navegamos nas complexidades dos desafios globais e das oportunidades emergentes, imaginamos um futuro em que os alimentos nutrem as comunidades, preservam a diversidade cultural e sustentam a saúde do nosso planeta.

Junte-se a nós para abraçar as possibilidades de um futuro alimentar sustentável, onde a tecnologia melhora a produção alimentar, as considerações éticas orientam as escolhas dos consumidores e os esforços de colaboração promovem a resiliência e a equidade nos sistemas alimentares globais. Juntos, podemos criar um futuro em que os alimentos sirvam como catalisadores de mudanças positivas, promovendo a saúde, o bem-estar e a proteção do ambiente para as gerações vindouras.

Referências:

1. Forss D.A. Odor and flavor compounds from lipids. *Prog. Chem. Fats Other Lipids.* 1972;13:177-258. doi: 10.1016/0079-6832(73)90007-4.

2. Menis-Henrique M.E.C., Janzantti N.S., Andriot I., Sémon E., Berdeaux O., Schlich P., Conti-Silva A.C. Snacks expandidos com sabor a queijo e baixo teor lipídico: Efeitos do óleo na libertação in vitro de ácido butírico e na duração das sensações dominantes dos produtos. *LWT- Food Sci. Technol.* 2019;105:30-36. doi: 10.1016/j.lwt.2019.01.052.

3. Rota V., Schieberle P. Changes in key odorants of sheep meat induced by cooking. In: Shahidi F., Weenen H., editores. *Food Lipids Chemistry, Flavor, and Texture.* Sociedade Americana de Química; Washington, DC, EUA: 2005. pp. 73-86.

4. Shahidi F. Sabor dos alimentos para músculos - uma visão geral. In: Shahidi F., editor. *Flavor of Meat, Meat Products and Seafoods.* 2ª ed. Blackle Academic & Professional; Nova Iorque, NY, EUA: 1998. pp. 1-4.

5. Shahidi F., Hossain A. Preservação de alimentos aquáticos utilizando películas e revestimentos comestíveis contendo óleos essenciais: A review. *Crit. Rev. Food Sci. Nutr.* 2020;62:1-40. doi: 10.1080/10408398.2020.1812048.

6. Shahidi F., Abad A. Lipid-derived flavours and off-flavours in food. *Encycl. Food Chem.* 2019;2:182-192.

7. Shahidi F. Indicadores para a avaliação da oxidação lipídica e do desenvolvimento de sabores estranhos nos alimentos. In: Contis E.T., Ho C.-T., Mussinan C.J., Parliment T.H., Shahidi F., Spanier A.M., editores. *Food Flavors: Formation, Analysis and Packaging Influences (Formação, Análise e Influências da Embalagem).* Blackie Academic & Professional, Elsevier; Limnos, Grécia: 1998. pp. 55-68.

8. Shahidi F., Hossain A. Bioactives in spices, and spice oleoresins: Phytochemicals and their beneficial effects in food preservation and health promotion. *J. Food Bioact.* 2018;3:8-75. doi: 10.31665/JFB.2018.3149.

9. Shahidi F., Oh W.Y. Lipid-derived flavor and off-flavor of traditional and functional foods: Uma visão geral. *J. Food Bioact.* 2020;10:20-31. doi: 10.31665/JFB.2020.10224.

10. Kerth C.R., Miller R.K. Beef flavor: Uma revisão da química ao consumidor.*J. Sci. Food Agric.* 2015;95:2783-2798. doi: 10.1002/jsfa.7204.

11. Shahidi F., Samaranayaka A.G.P., Pegg R.B. Cooking of meat, Maillard reaction and browning. In: Dikeman M., Devine C., editores. *Encyclopedia of Meat Sciences.* 2ª ed. Elsevier; Amesterdão, Países Baixos: 2014. pp. 391-403.

12. Shahidi F., Zhong Y. Medição da atividade antioxidante. *J. Funct. Foods.* 2015;18:757-781. doi: 10.1016/j.jff.2015.01.047. 13. Urbach G., Gordon M.H. Sabores derivados de gorduras. In: Moran D.P.J., Rajah K.K., editores. *Fats in Food Products.* Springer; Nova Iorque, NY, EUA: 1994. pp. 347-405.

14. Hossain A., Dave D., Shahidi F. Pepino-do-mar do Norte (*Cucumaria frondosa*): A potential candidate for functional food, nutraceutical, and pharmaceutical sector. *Mar. Drugs.* 2020;18:274. doi: 10.3390/md18050274.

MIX
Papier aus verantwortungsvollen Quellen
Paper from responsible sources
FSC® C105338

Printed by Books on Demand GmbH, Norderstedt / Germany